动物王国大探秘

Discovery of Animal Kingdom
听海洋生物讲故事

[英]茱莉亚・布鲁斯/著　[英]兰・杰克逊/绘　王艳娟/译

上海文化出版社

目 录

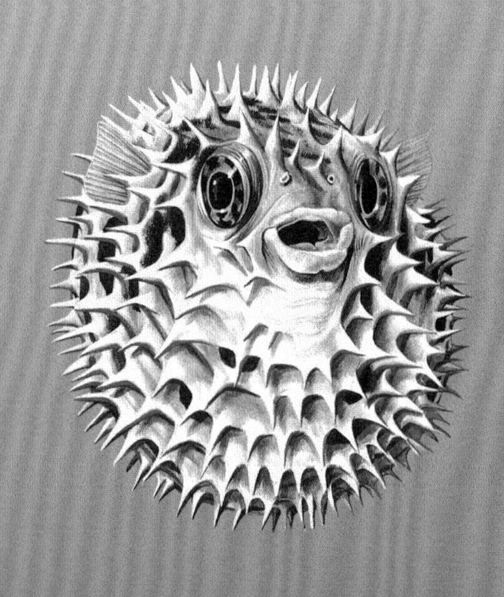

神秘的海底故事从这里开始……

欢迎来到海洋世界！

海水覆盖了地球上70%的地方，

海洋中到处都有生命。

数百万种生命生活在这里，

包括水面下的和水面上的。

我很乐意告诉你，

我们的生活都是什么样的。

我会尽我所能解答你的疑问。

你知道海牛生活在哪里吗？

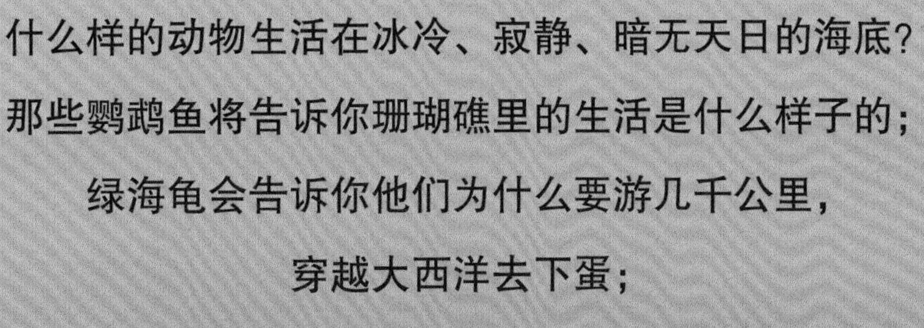

什么样的动物生活在冰冷、寂静、暗无天日的海底？

那些鹦鹉鱼将告诉你珊瑚礁里的生活是什么样子的；

绿海龟会告诉你他们为什么要游几千公里，

穿越大西洋去下蛋；

信天翁将告诉你他们环绕地球飞行的故事。

首先，

你将会见到海洋中最可怕的生物之一——大白鲨……

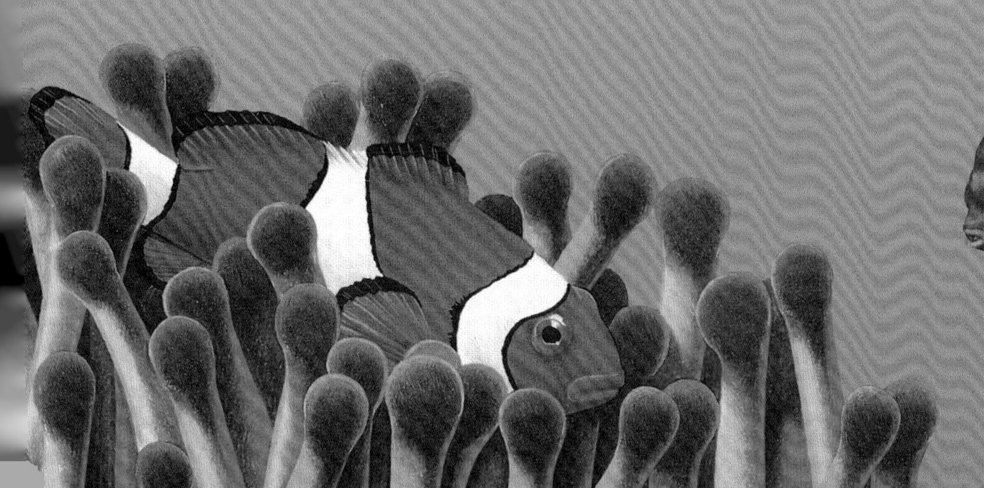

鲨鱼吃人吗？

我们鲨鱼的名声一直都不好，因为我们会吃人。毫无疑问，我们很危险，我们平均每年会吃掉 16 个人。我们是完美的杀手，例如我，一头大白鲨。我的体形巨大，速度很快，身体强壮。我的视力也很好，牙齿锋利，嗅觉敏锐。在这些方面，我要比你们人类强几千倍。

你肯定不想看见这些牙齿。它们非常锋利，就像锯齿一样。我们一生都在不断地长牙齿，一旦掉了一颗牙，新的牙齿又会很快地长出来。我们的嘴十分有劲，能够咬碎骨头，你们人类的潜水衣对我们来说，简直就是一张纸。

我们分不清人类和其他大型海洋生物的差别。对我们而言，人看起来像海豹，因为我们从下面看，人和海豹的外形都差不多。

……就像这样，这头海豹像不像一个人？有时候我们咬人仅仅是因为好奇，我们不喜欢人肉的味道，因为人肉不肥，油很少。我们更喜欢吃海豹，因为他们的脂肪很多，有时候我还吃一些美味可口的肥鱼。

构成我们身体的不是骨头，而是软骨，所以我的身体很柔软。在 1 秒钟内，我能够急速转弯，抓住我的猎物，这时他们还不知道怎么回事呢。我游得很快，比你们人类要快 10 倍。尽管我很厉害，不过我们一般情况下是不会吃人的。但是你们最好离我们远一点，以防万一。

我们主要吃海鱼和海里的哺乳动物，例如海豹和海豚。当我们抓鱼吃的时候，我们能够跳出海面很高。瞧！这头海豹可以让我美餐一顿了。

这是虎鲨，我们的近亲。他们能够长到 6 米长，什么东西都吃。他们往往贴近水面寻找食物。和我们一样，他们也有吃人的坏名声。

这是一只双髻鲨。尽管他有时候会咬人，但是和我们不一样，他几乎从来没吃过人。

海洋生物是什么样子的?

嗨！我是海葵。虽然我看起来很漂亮，但我却是一个可怕的捕食者。我的嘴附近长了一圈触手，触手上面长着致命的毒刺。这些触手可以抓住经过我身旁的小鱼和小虾。

尽管我能够慢慢地移动，但是在我生命中绝大部分时间里，我都固定在浅海的石头上。一旦我感觉到危险，我就把肚子里的水吐出来，然后紧紧地贴在石头上。

我是一个海胆，一辈子都躺在海底吃海藻。我的外壳长满了刺，壳里是一个大大的胃。好笑的是，我的嘴巴长在底部，但是屁股却长在顶部。我的外壳下面有很多小洞，小洞里长出了许许多多的管足，它们有点像触手，我就是靠这些管足在海底移动的。

我是一只龙虾，生活在浅海中。我不能真正地游泳，而是在海底爬行。当我们吃东西的时候，就用我的大钳子抓小鱼小虾，或者挖海蛤和海胆吃。我的大钳子非常有劲，能够很容易地夹碎食物。我的身体上有一层硬壳，但是这层硬壳不能长大。当这层硬壳太小的时候，我就会丢掉它，然后重新长出一层新壳。这个过程就是蜕皮。通过不断地蜕皮，我能够长到 1 米长呢。

海里面不仅仅只有鱼类，还有我们这样的海洋生物。我是一只海星，和海胆是近亲。我的嘴巴也长在身体下面，也是靠管足移动。但是，我的外壳却长在身体内部。

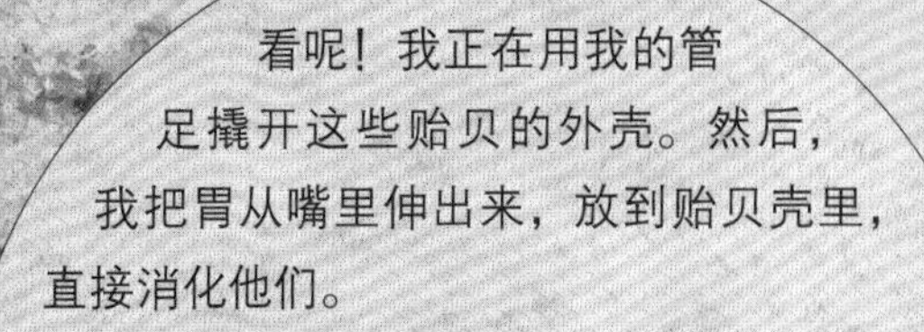

看呢！我正在用我的管足撬开这些贻贝的外壳。然后，我把胃从嘴里伸出来，放到贻贝壳里，直接消化他们。

我们扇贝是双壳类动物的一种，也就是说我们生活在两层壳里。其他双壳类动物只能在海底生活，我们却可以四处活动。通过不断打开闭合我们的外壳，我们可以把水喷出去，这样我们就能向前移动了。

我是一只海蛞蝓，外表很鲜艳，这表示我有毒。但是这些毒不是我自己的，而是海葵的。当我吃掉海葵的时候，我并不消化他们的毒细胞，而是把这些毒细胞积累起来放到身体表面。当我面对捕食者的时候，就可以拿这些毒细胞当作武器来保护自己。

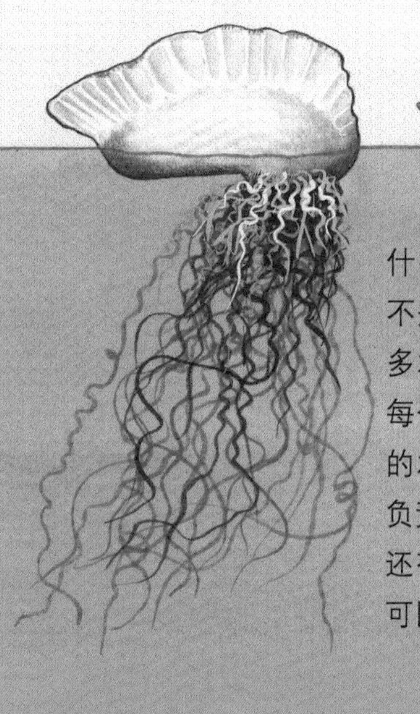

我们是一个僧帽水母。为什么说“我们”呢？因为我们不是一个独立的个体，而是许多水螅组成的一个集群。我们每个水螅都有自己的分工：有的水螅长有带刺的触手，他们负责捕食；有的水螅负责消化；还有一个很大的充气水螅，他可以让我们漂浮在海面上。

章鱼的长长的手臂是用来做什么的？

我是一只红章鱼，生活在远离北美陆地的太平洋里。在世界各地的海里，你都会看到章鱼，个头最小的只有手指甲那么大，最大的能有一个人那么重。

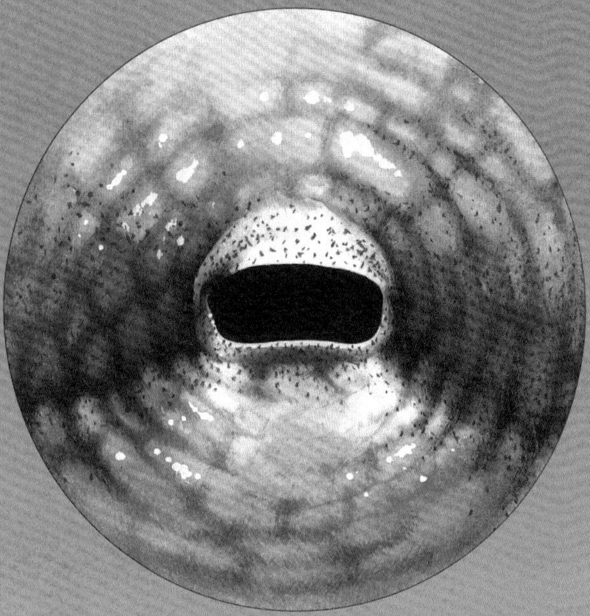

这是我的眼睛的特写。我的眼睛很大，而且视力非常好。在所有无脊椎动物中，我们的眼睛进化得最完美。就像你们人类一样，我眼中的世界是五颜六色的，而大多数海洋生物都是色盲。颜色对我们来说很重要，因为我们章鱼很善于伪装。在很短的时间内，我们章鱼就能够迅速改变皮肤颜色，让它变得和周围的环境一模一样。我们也用变色来同别的章鱼打招呼。当我们受到惊吓的时候，我们的颜色就会变得十分鲜艳。

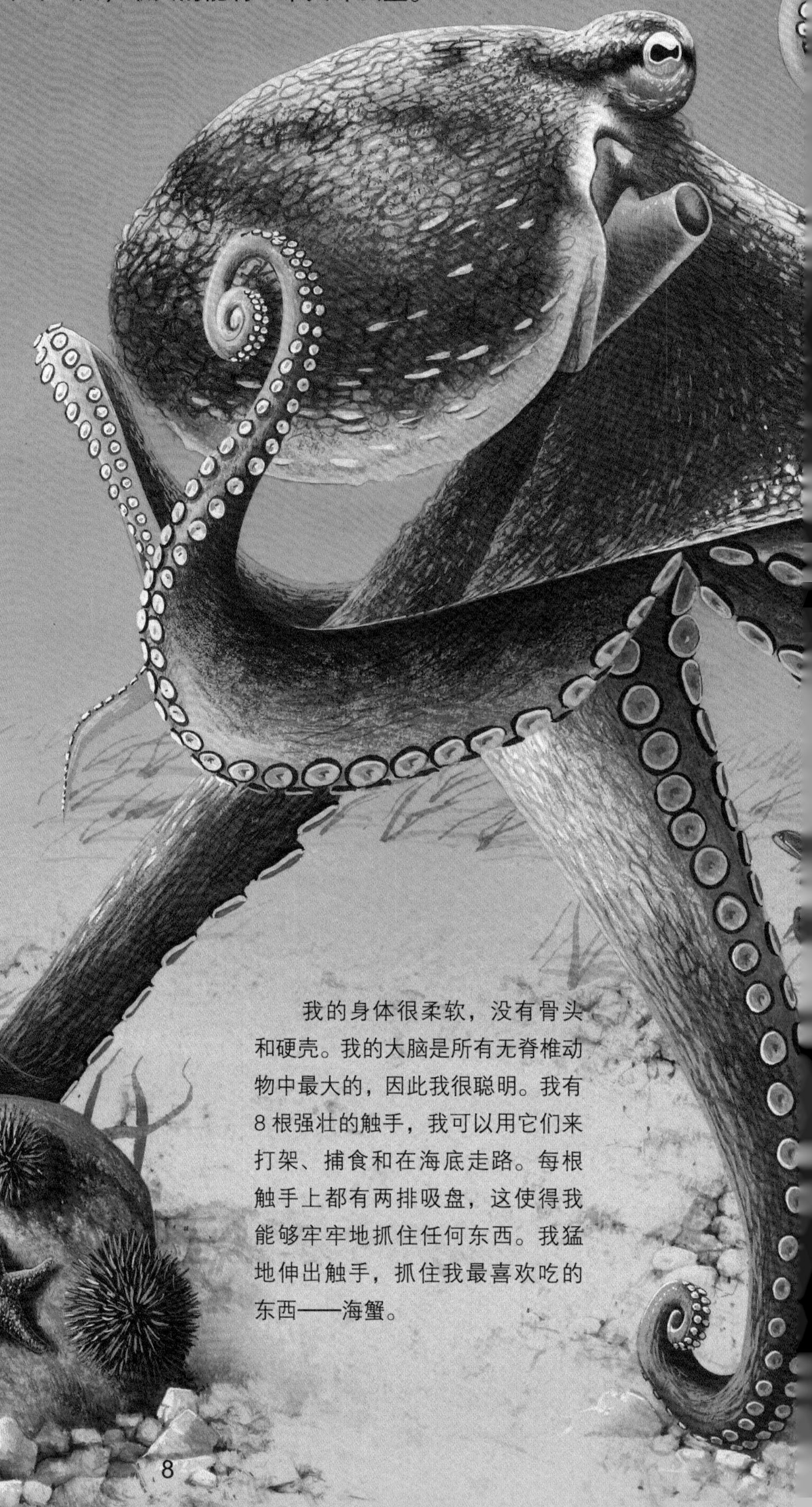

我的身体很柔软，没有骨头和硬壳。我的大脑是所有无脊椎动物中最大的，因此我很聪明。我有8根强壮的触手，我可以用它们来打架、捕食和在海底走路。每根触手上都有两排吸盘，这使得我能够牢牢地抓住任何东西。我猛地伸出触手，抓住我最喜欢吃的东西——海蟹。

我触手上的吸盘可以牢牢地抓住任何东西。这只美味的海蟹已经无法逃出我的手掌心了。

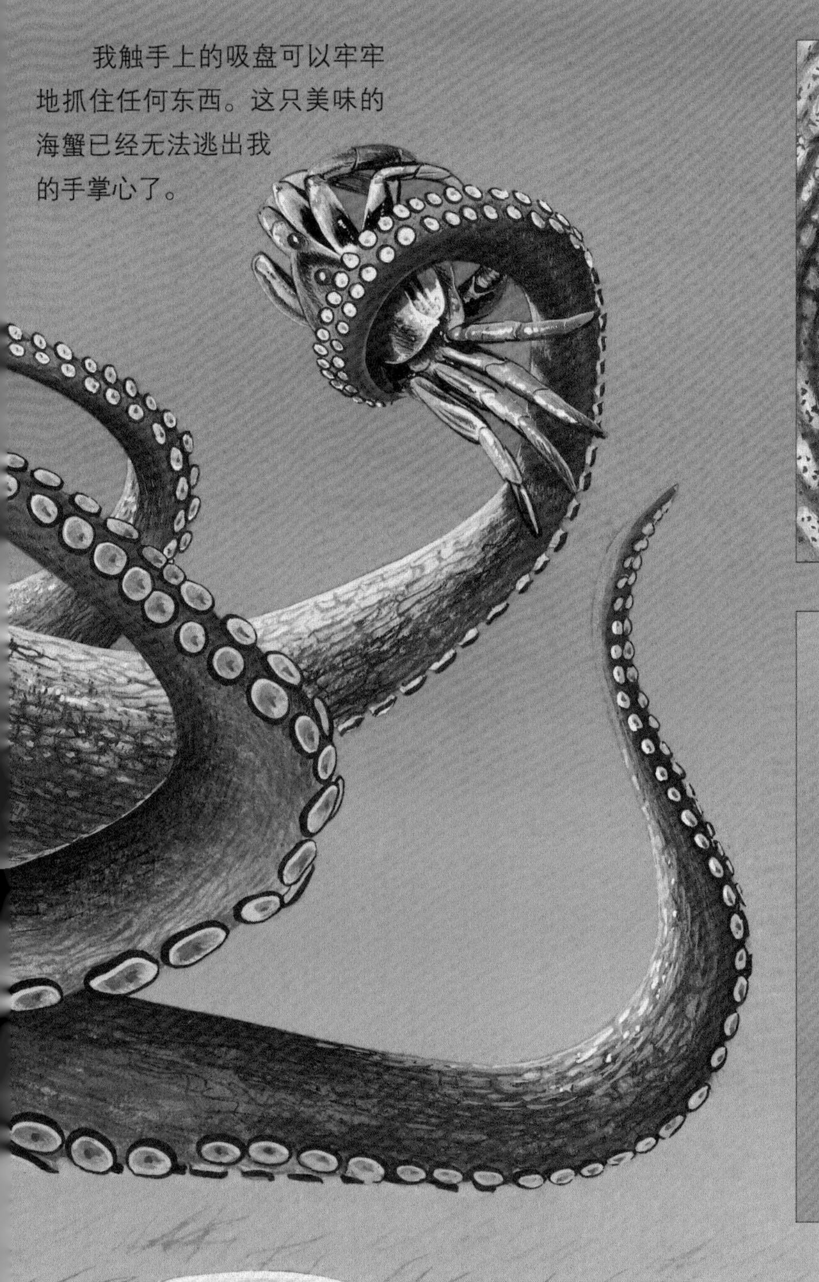

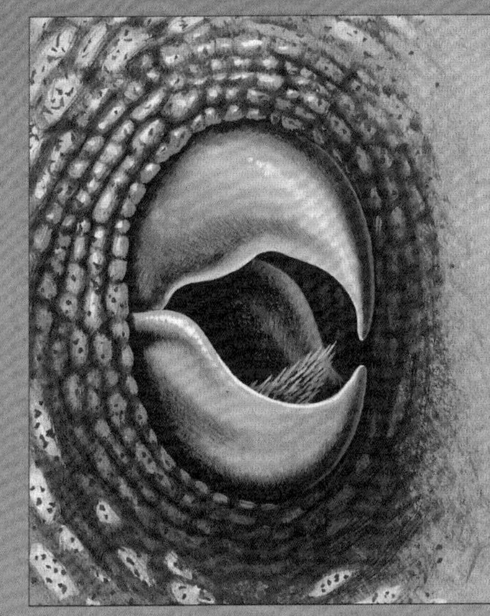

我的嘴巴在我身体的中间。我没有上颚，只有一个坚硬并且锋利的喙，它有点像鹦鹉的嘴。我的舌头很粗糙，叫作齿舌，它能够磨碎食物，再把食物拖进肚子里。

可怜的是，我们章鱼的寿命不长，只有3年左右，最多活5年。并且我们一生只有一次繁殖的机会。章鱼妈妈会努力保护这些卵，直到孵化出来为止。小章鱼宝宝个头很小，能随着海水漂流。在他们长大之前，很多小章鱼都会被其他动物吃掉。

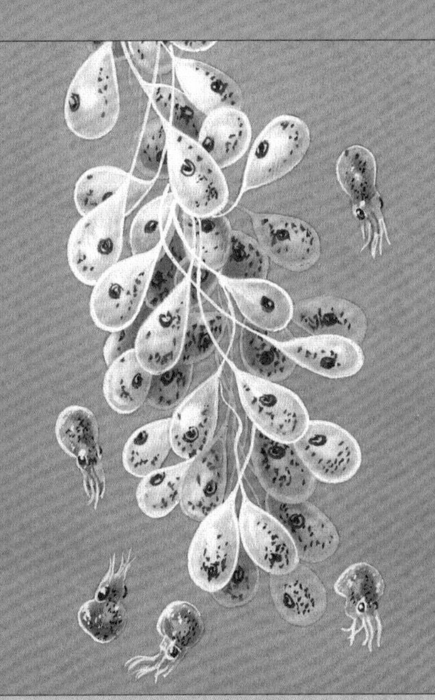

当我受到惊吓或逃跑的时候，我会喷出很多黑色或者深色的墨汁来迷惑敌人，这样我就能趁机逃跑。逃跑时，我通过皮肤上的褶把海水吸入身体，然后用一根虹管把水快速向后喷出。这种喷射方式使我朝前飞射出去，很快就能脱离危险。

珊瑚礁周围都有什么动物?

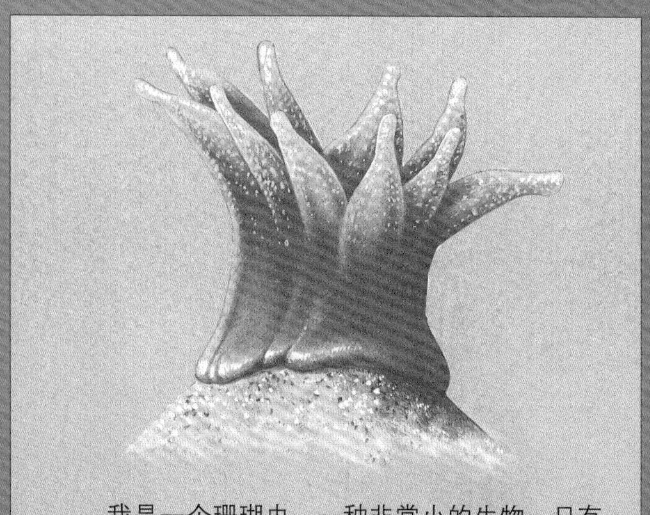

我是一个珊瑚虫，一种非常小的生物，只有几毫米大。我的嘴长在上面，周围有一圈用来捕食的触手，下面就只剩一个胃了。在我生活的地方，会留下坚硬并且中空的珊瑚。

珊瑚礁是很多海洋生物的家，例如我——一只白鳍鲨。珊瑚礁是由数百万只珊瑚虫的尸体构成的。珊瑚虫只生活在干净温暖的浅海中，例如澳大利亚东北部沿海的大堡礁。新的珊瑚虫生活在死去的珊瑚虫的尸体上，尸体不断堆积，几百年后便形成了珊瑚。

在这里生活的还有狮子鱼和梭鱼，在我身后珊瑚礁的上面。那些漂亮的鱼和海蛞蝓正在吃海藻，那些微小的海藻长在珊瑚上面。海藻对于珊瑚来说很重要，他们为珊瑚虫提供食物和钙质，使得珊瑚虫能够长大，不同颜色的海藻还会给珊瑚染上五彩缤纷的颜色。

我们是大海绵。我们的食物主要是海里的捕食者们吃剩的食物碎屑。我们身上有很多小孔，当海水流过的时候，我们像筛子一样把水中的这些碎屑留下来。那边的大蛤和我们一样，当有海水流经他们的时候，他们的鳃也可以过滤海水，把食物留下来。我们也被称作海水清洁工，因为我们吃得越多，海水就越干净。

我是鹦嘴鱼，可以把珊瑚虫啃下来吃掉。珊瑚虫的最大敌人不是我，而是那些海星。他们总是狼吞虎咽吃掉许多活的珊瑚虫。一旦所有的珊瑚虫都死掉了，珊瑚也就不会长大了。

我是一只海马，和其他生活在珊瑚礁附近的生物一样，一旦危险来临，我就躲进珊瑚礁的缝隙里。你看那边的白鳍鲨还有海蛇，他们正在找东西吃。那里还有一条欧洲海鳗，躲在阴影中，我得小心点，别被他发现了。

鱼类是怎么保护自己的?

你会在海里发现许多不可思议的动物，他们各自都有独特的方法保护自己。例如我，我是一条石头鱼，来自澳大利亚，我可是世界上毒性最强的鱼类!

我们刺鲀有 3 种方法保护自己：平时我看起来很弱小，但是危险来临时，我能吞下很多海水，使身体膨胀两倍以上；这个时候，我身体上的刺也都竖立起来了，敌人就没法儿吃我了；如果他们还想吃我，很快他们就会知道——我是有毒的。

我是一条角箱鲀，我身上有一些黑点。我的身体上有很多紧密的鱼鳞，形成了一层坚硬的盔甲保护自己。我也长有尖刺，头上和尾巴上都有。这样我的敌人就没法吃我了。如果某些家伙还不死心，我还有个绝招：一旦我受到惊吓，我的皮肤能够产生一种致命的毒素，这种毒素能够干掉大多数的敌人。

我是一条小丑鱼。我喜欢待在海葵的触手里，因为海葵的触手上长有很多毒刺，但是这些毒刺对我不起作用，还可以帮我赶跑敌人。

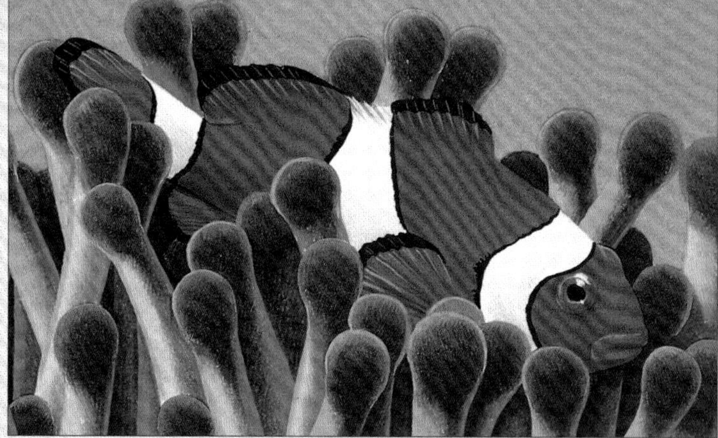

我们飞鱼有一项独一无二的本领：当我们游到一定速度的时候，我们能够冲出水面。这时，我的鱼鳍可以像翅膀一样展开，使我能够在空中滑翔一段距离。当我再次进入水里的时候，那些追赶我的金枪鱼或者剑鱼，早已被我远远甩在身后了。

我是一条鲻鱼，我的鱼鳞是银色的，可以反光，这使敌人很难发现我。当一大群鲻鱼一起转弯的时候，就会闪现出很亮的银光，足以迷惑敌人。

我是一条小主刺盖鱼。我的尾巴附近的花纹就像一只眼睛，可以迷惑敌人。我的敌人首先要弄清楚：到底什么地方是我的脑袋？什么地方是我的尾巴？当他们傻乎乎寻思的时候，我就有了逃跑的机会。

我是一条电鳐。尽管我也善于伪装，但我还有另外一个特殊的自保方法。在我身体中，有两个特殊的器官可以放电。我能够电晕我的猎物，或者赶跑那些危险的敌人。

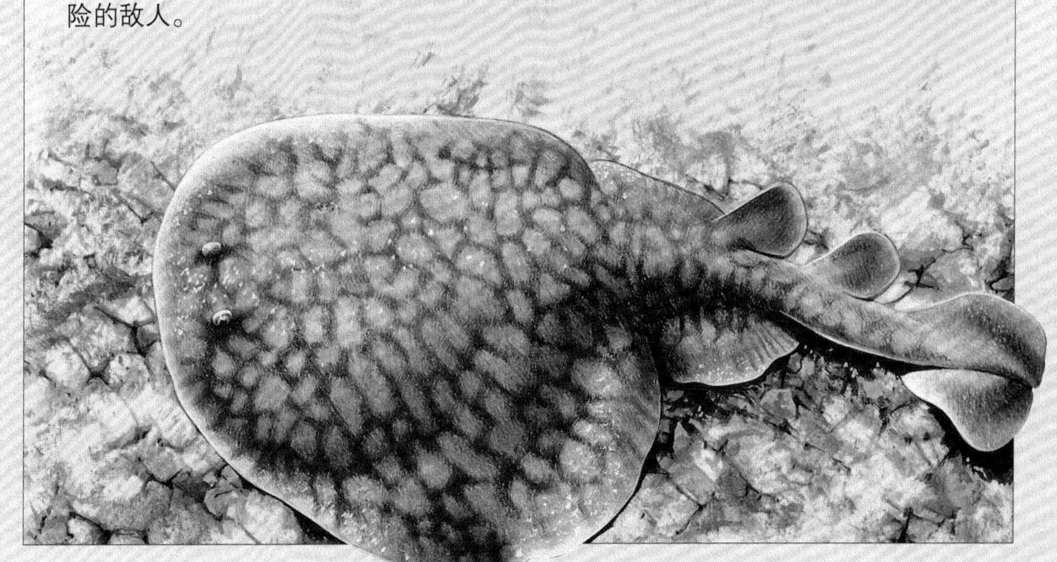

我的一生都是在海底度过的。我极擅长伪装，经过我面前的小鱼和贝壳类动物一不留神就会被我吃掉，捕食者们也找不到我。不论是谁，只要他敢吃我，我就会给他好看。一旦我觉察到有危险，我的背鳍上就会伸出 13 根毒刺，随时准备刺向那些胆敢来吃我的敌人。

海龟为什么要游那么远的距离？

我是一只绿海龟，生活在巴西沿海温暖的海水里。你也能在全世界温暖的海水中发现我。大多数时候，我们都生活在海里食物充足的地方。不过每 2 年左右，我们就要长途跋涉赶到我们的繁殖地去产卵。对我们来说，最理想的繁殖地要有长长的沙滩。另外，沙滩附近还不能有太多的捕食者。

每隔 2 到 3 年，我要长途跋涉 2000 多千米赶到阿森松岛去产卵。那是一个在大西洋中部的小岛。嗯，很小的岛。

虽然阿森松岛很小，但是那里有世界上最棒的沙滩，而且没有动物偷吃我们的蛋，是一个非常安全的地方。不像巴西的海边，到处都是偷蛋贼。

我们已经适应了海里的生活。我们的身体是流线型的，我们的外壳也很轻。我们的 4 个鳍状肢都很有劲，所以我们游泳的速度很快，比你们人类骑自行车的速度还要快呢。当我们睡觉或者休息的时候，我们能够在水下待 2 个小时而不用换气；如果我们正在游泳，就得每隔几分钟到海面上去喘喘气。

当我们还是小海龟的时候，我们既吃植物又吃动物，包括海藻、水母和小虾。当我们长大后，我们就只吃植物了，这些海草就是我最喜欢吃的。多吃青菜身体好，我们海龟能长到1米多长，活到80多岁呢。

现在，我又回到了这片熟悉的海滩，这里就是阿森松岛，我出生的地方。我用我的鳍状肢在沙滩上挖一个坑，接着在坑里产下差不多100个蛋，再用沙把我下的蛋盖好，最后返回海里。在我返回巴西以前，这项工作我要反反复复干上大概6回。

大约50天后，海龟宝宝们就能孵化出来了。这些小宝宝自己从坑里爬出来，然后奋不顾身直奔大海。宝宝们经常是在夜里爬出来，这样可以尽量躲开那些捕食者，例如海鸥和螃蟹。即使到了海中，宝宝们也很容易被鲨鱼或其他鱼类吃掉。每100只海龟宝宝里，大概只有2到3只能够平安长大。

巨藻丛林中生活着哪些生物？

我是一只海獭。这里是我的家——巨藻丛林，位于北美洲的西海岸。巨藻是一种非常大的海草，能够长到40米高，这就意味着他比很多树都要高。就像你看到的一样，很多生物生活在这里，其中就包括海胆。海胆喜欢吃巨藻，还会彻底地毁坏他们。幸运的是，这些海胆也是我最喜欢的食物，我想吃多少就吃多少。这样，海胆的数目就减少了，巨藻也就安全了。

瞧！我正抱着一个海胆浮上水面呢。

海胆浑身都是刺，很难对付。不过我想到了一个好方法：我把海胆用巨藻叶裹起来带到海面上，这样我的爪子就不会受伤了。随后我平躺在海面上，胸口放上找来的石头，接着把海胆放到石头上砸破。哈哈，我现在可以美餐一顿了。我也可以用同样的方法来对付鲍鱼和其他的贝壳类生物。

嗨，那儿有一个海胆。那条红鲷鱼正在小心地靠近他，因为被海胆的刺扎了会很疼的。不过大伙儿别担心，红鲷鱼一点儿也不怕海胆的刺，因为他的嘴又硬又有力，可以轻易咬破海胆的壳。红鲷鱼有个秘密，你知道吗？雌性的红鲷鱼可以变成雄性的。有意思吧！

看！巨藻靠他们的根上的吸盘牢牢地吸附在海底。其实，那些并不是巨藻的根，只是长有吸盘的类根组织。巨藻不需要根，因为他们能直接从海里吸收养分。所以他们长得非常快，每天能长50厘米呢。巨藻是向着阳光生长的，但是他们却喜欢冰冷的海水，很奇怪吧！到了冬天，这里的海水温度大概只有5摄氏度。嗯，有点冷了。

我们海獭不像海豹和海狮那样，皮下有厚厚的脂肪用于保暖。我皮肤上的毛又厚又浓密，所以我从来不担心身体会被打湿，这样也能保持我们身体的温度。但是我每天都要花上5到6个小时梳理我的皮毛，这样既能使皮毛干干净净的，还能保持皮毛的防水性。

海豹和海狮也喜欢在这片巨藻丛林里捕猎。这里有很多的鱼，例如这些加里波第鱼。巨藻上的海绵、蜗牛都是加里波第鱼的食物。

在我睡觉之前，我会用海藻把自己缠起来，防止睡觉的时候在海面上到处漂。我们海獭一天有11个小时都在睡觉，有时候我们几百只海獭挤在一个舒适的地方一起睡觉，看起来就像一个大木筏。

海牛每天做什么事情?

我们海牛是一种哺乳动物，生活在大西洋。虽然我们一辈子都生活在水里，但实际上我们却是大象的亲戚。世界上还有好几种海牛，一种生活在西印度群岛，还有一种生活在远离西非的外海里。我们海牛喜欢温暖的海水，所以你只能在热带地区的海洋里找到我们。当然，还有一种海牛生活在南美洲的亚马孙河里，这种海牛比我们要小一点，而且数量非常少。

瞧！我用胳膊拿着一棵植物。我们只吃水生植物。但我们经常浮出水面，停留在海岸边，有时手里还抓着一些陆生植物，这样人们便误以为我们也吃陆地上的东西。我们一天有 8 个小时都在吃东西，每隔一会儿，我就得浮出水面喘喘气。

我正在用我巨大的柔软的嘴唇吃海草。我的嘴里长有磨牙（也叫作臼齿），可以用来磨碎海草。当我的牙齿磨坏了之后，坏牙就会脱落，然后长出新的牙齿。

我们喜欢在海里互相追逐嬉戏。有时候我们也用鼻子和朋友们打招呼，互相碰来碰去。

我们总是互相摩擦，有时候还互碰鼻子，看起来像是在亲吻呢。海牛妈妈和孩子们经常互相吹口哨或尖叫，孩子们会跟着妈妈生活 2 年。

挠痒最舒服了。我们的皮肤上会长很多别的东西，例如海藻和藤壶。我们在石头上来蹭来蹭去，终于把这些东西弄掉了，太舒服了！

海豚为什么喜欢玩耍？

尽管我们生活在水中，但我们却是哺乳动物。所以我要经常浮出海面，通过我头顶上的气孔呼吸新鲜空气。你知道吗？我是没有嗅觉的。

船真好玩。我喜欢在船的前面领航。因为我游泳速度很快，什么东西都追不上我。

我们暗色斑纹海豚只生活在南半球，也就是赤道的南面。你能在新西兰、南非和南美的浅海中找到我们。我们喜欢群居生活，一起合作捕食，一起游戏，有时候会有 1000 多只海豚生活在一起。当我们游泳的时候，我们经常跃出海面，这是因为在水里游泳比较费劲，而在空中，我们一跳能蹿出老远。

我们身体上的条纹是一种伪装，黑白相间看起来像水里的反光似的。我们的肚子是浅色的，从下面看，和天空的颜色很相似。我们也是完美的游泳健将，我们的身体是流线型的，和鱼雷很像；我们的尾巴很有劲，还有两片大尾叶，所以上下摆动尾巴能使我们飞速前进。我们用鳍来控制方向、保持稳定，或者用来紧急“刹车”。我正在用尾巴拍水，因为我发现了鱼群，我得通知我的伙伴们赶快行动。

我们喜欢吃鱼和乌贼。捕鱼的时候，我们首先把鱼群包围起来驱赶到浅海处，然后在鱼群周围跳跃，用鳍和尾巴拍水发出声音，并让鱼群撞上我们的身体。鱼群因为害怕，会形成一个紧密的球体。这样，我们吃起鱼来就很省力了。

我们喜欢跳出水面，展现我们的高超技巧。我们能够跳 4 米多高，翻一个漂亮的筋斗，还可以做后空翻。只要有一个同伴开始表演，大家会迅速加入进来，最后变成一场精彩的集体演出。这样做也可以甩走附在我们的鳍上和尾巴上的那些海洋寄生物。

看那边！看那些高高的鳍！他们是虎鲸，就像他们的名字一样，他们非常凶猛，喜欢吃我们暗色斑纹海豚。但是我们有着保命的法宝：我们有着非常快的游泳速度和很灵敏的转向技巧。最有用的是声呐，如果声呐探测到了和虎鲸差不多大小的动物，不论那是不是虎鲸，我们都会迅速离开。

为了更好地探寻我们周围的世界，我们学会了利用高频率的声波。如果声波碰到附近的物体，就会产生回声，我们听到回声就能知道周围有些什么。这种方法就叫作声呐。我们用声呐导航、寻找食物，还能防止敌人偷袭。

座头鲸吃什么呢？

我是一只座头鲸，世界上最大的生物之一。我们身体可以长到 18 米长，比 5 辆公共汽车还要重。你在世界各地的海洋里都能看到我们，从热带到两极都有我们同类的身影。

我正在直立出水面，这可不是杂耍！我们把头部伸出水面，是为了观察周围的情况。通过这个办法，我们能够知道我们在哪里，以及周围海面上正在发生什么事情。

尽管我们的体形很庞大，但是我们却吃很小的东西，例如磷虾或者小鱼。每天，我们都要吃几百万只磷虾，所以我们一生中有一半的时间都在吃东西。我们没有牙齿，但是有硬硬的须，叫作鲸须，悬垂于口腔内。

我们吞下一大口海水，当然，海水里有很多磷虾或小鱼。我们用鲸须把小鱼小虾筛出来，再把海水吐出去，接着用舌头把鲸须上留下的小鱼小虾刮进嘴里。

瞧！我跳出了水面！当我落下的时候，会溅起很大的水花。通过这个方法，同伴们会发现我的位置，这样还可以除去我身上的寄生物。看见我身体下面的那些褶皱了吗？当我吃饭的时候会吞下很多海水，这些褶皱就是用来让我的嘴张得更大的。

在所有鲸鱼中，我们的鳍是最大的！我们的尾巴也很大，差不多有 4 米宽。我们的身上总是会寄生藤壶和其他生物，真讨厌！

当我们准备下潜的时候，我们的背会弯起来，因此我们的外号叫“驼背鲸”。我们能够潜入 200 米深的水下。当我们在水下的时候，我们会和同伴说话：咔嗒、呼噜、咕噜……当我们碰见漂亮的雌鲸鱼的时候，还会唱起美妙动听的歌。

我们通过头顶上的 2 个气孔呼吸。我们浮上水面，在关闭气孔潜入水里之前，我们会快速地喘气。平时，我们每隔 1 分钟就要呼吸 1 到 2 次；当深潜之后，每隔 1 分钟我们要呼吸 8 次。

企鹅怎样在寒冷的世界里生活?

嗨！我是一只王企鹅，生活在地球上最寒冷的地方，南极的克洛泽群岛。所有的王企鹅都生活在南极洲附近的岛屿上。我们是世界上第二大的企鹅，最大的是帝企鹅。现在，让我告诉你们我是怎样长大的，以及我们是怎样在寒冷的地方生活的。

和所有的王企鹅一样，我刚出生的时候只是一个蛋。我的妈妈在夏天把蛋生出来后，就出去寻找食物了。我的爸爸会留下来照顾我。他用他的大脚托住蛋，夹在两腿中间，那里很暖和，还不会让我碰到冰冷的地面。爸爸会花 3 周的时间照顾我，直到妈妈回来代替他。再过 2 个月，我就会从蛋里钻出来。

我们喜欢待在水里。我们扇动强有力的鳍状肢划水，控制前进的方向。流线型的身体使我们能轻松地穿行于水中。

我出壳 7 天了，身上长满了黑色的软毛。虽然我从蛋里出来了，但我还是喜欢钻到爸爸或妈妈的双腿间，站在他们的脚上，因为那里很暖和。现在我的食物是小鱼和乌贼，那是爸爸妈妈吃下去的猎物，回家后再吐出来喂给我的。真希望我能快点长胖，那样我就不会怕冷了。

我们企鹅是所有鸟类中羽毛最多的，足有 3 万多根。最靠近身体的羽毛部分是绒毛，它可以让我们在水下保持温暖；表层的羽毛滑滑的、硬硬的，当我们游泳的时候，海水压力让表层的羽毛贴紧我的身体，大大降低了海水的阻力。我们的尾巴上有个腺体能够分泌油脂，这些油脂覆盖在我的羽毛上，使我的羽毛不会被海水弄湿。

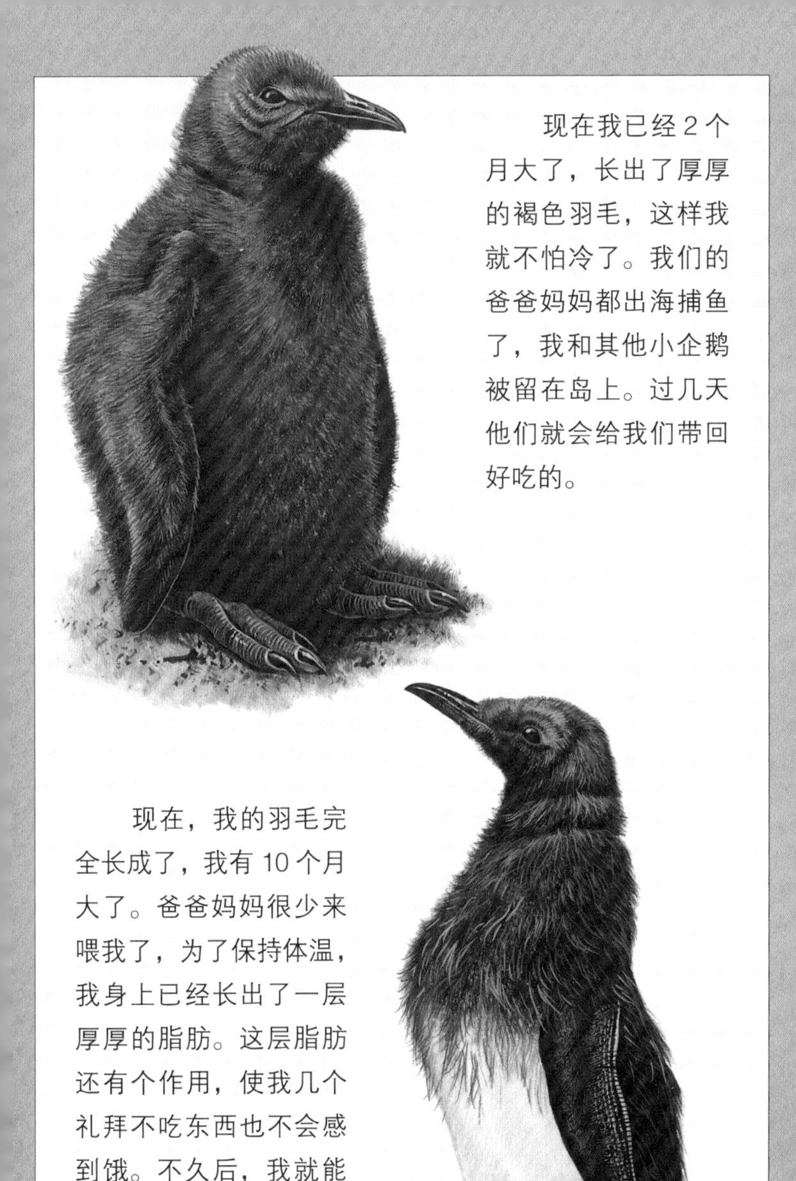

现在我已经2个月大了，长出了厚厚的褐色羽毛，这样我就不怕冷了。我们的爸爸妈妈都出海捕鱼了，我和其他小企鹅被留在岛上。过几天他们就会给我们带回好吃的。

现在，我的羽毛完全长成了，我有10个月大了。爸爸妈妈很少来喂我了，为了保持体温，我身上已经长出了一层厚厚的脂肪。这层脂肪还有个作用，使我几个礼拜不吃东西也不会感到饿。不久后，我就能够自己出海捕鱼了。

瞧瞧！这就是我们的聚居地，克洛泽群岛中的一个小岛，数不清的企鹅生活在这里。在这么多企鹅中，找到自己的配偶很麻烦，所以我们会记住彼此特殊的歌声，通过歌声找到对方。在整个冬季，我们的父母都出海捕鱼了，我们只能挤在一起相互取暖。这样也可以保护我们不被敌人攻击，例如贼鸥和海豹。

当我们长大后，我们主要的敌人是南极海豹、海狗以及虎鲸。如果没有被他们吃掉的话，我们能够活到10岁。

哇，我成功了！我抓住了这条鱼。我会先吃鱼头，这样更容易吞下整条鱼。

我们在追捕鱼的时候，能够潜入300米深的水下，一口气在水里待7分钟。但多数情况下，我们不会在水下待那么长时间，也不会潜那么深。当我们游得非常快的时候，就要经常跳出水面喘喘气。

信天翁能飞多远？

嗨！我是一只漂泊信天翁，出生于南乔治亚岛，一个靠近南极洲的小岛。我一生的大部分时间里，都在海洋的天空中翱翔。我能够在几天内飞行数千千米，还能在海上持续生活几个月甚至几年的时间。当我没有孩子需要照顾的时候，我会迁徙到澳大利亚或南非去。这些地方离我的老家可是很远的哦！在我的一生中，我会绕着地球飞行好几圈。每隔 1 年，我都要飞回南乔治亚岛，寻找配偶并繁殖下一代。

当我们 7 岁的时候，就开始找对象了。我们需要跳一种特殊的求爱舞蹈。如果有谁跳得不好，就表示他有病，或者有伤在身。这样他在这一年里都找不到对象了。一旦求爱成功，夫妻俩就会一辈子待在一起。我们每 2 年繁殖一次，直到夫妻俩其中一个死亡。不过，我们一般能活到 50 多岁。

我们漂泊信天翁的窝都挨得很近，全是用泥巴和草搭建的。我们一次只下一个蛋，通常是在 12 月。鸟爸爸和鸟妈妈会轮流照顾这个蛋。差不多 3 个月后，蛋就孵化了；9 个月后，我们就不再喂养雏鸟了，该让他们自力更生了。

我们喜欢吃鱼、乌贼和章鱼。当我们低空掠过海面时，就能发现并抓住他们。有时我们会因为吃得太多而无法飞起来，此时我们就不得不在海上休息休息，直到把吃的东西消化掉。当我们喂养雏鸟时，我们得飞行好几百千米去寻找食物。回家后，我们会把吃下的半消化的东西吐出来喂给孩子们。

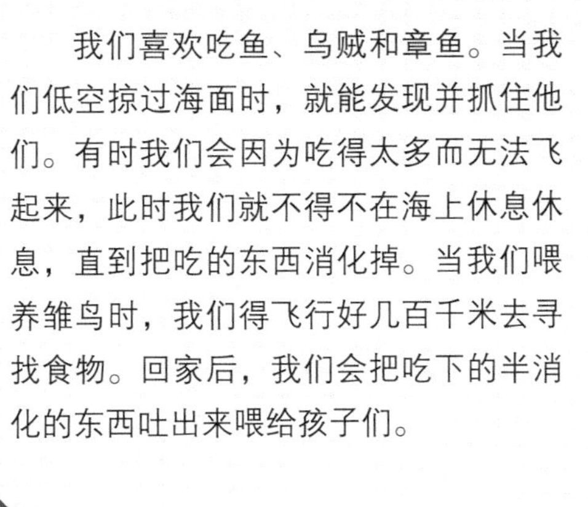

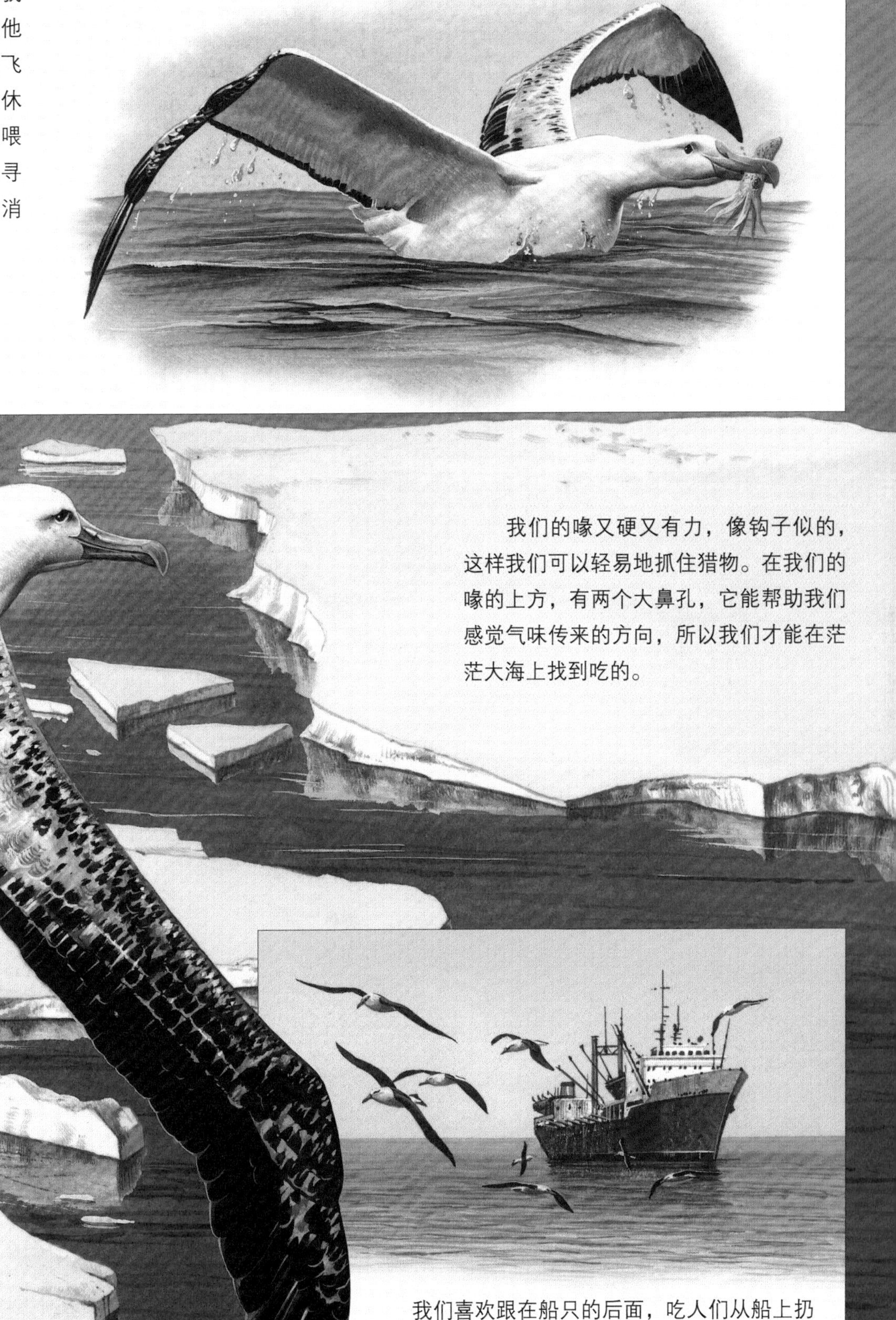

我们的喙又硬又有力，像钩子似的，这样我们可以轻易地抓住猎物。在我们的喙的上方，有两个大鼻孔，它能帮助我们感觉气味传来的方向，所以我们才能在茫茫大海上找到吃的。

在信天翁中，我们的个头是最大的。我们的翅膀展开后，能有 3.5 米长，简直令人难以相信。当然，这也是鸟类中最长的翅膀。我们的翅膀也很窄，就像滑翔机的翅膀一样，所以我们连续飞行几个小时都不用扇动一下翅膀。

我们喜欢跟在船只的后面，吃人们从船上扔下的食物残渣。有些捕鱼船会在一根很长的绳子上挂上很多诱饵，用来钓金枪鱼和剑鱼。但我们总是经受不住诱惑，去吃那些绳子上的鱼饵。一不小心，我们就会被绳子拽入海里，最后淹死。每年，都有数千只信天翁就这样遇害。

什么样的海洋生物会发光？

我们这些海洋生物生活在深海里，那里见不到一丝阳光，我们眼里的世界漆黑一片。生活在这里的许多动物，都可以通过自己体内的化学反应发光，这种光也被称为“生物荧光”。这种光能让我们看清周围的环境、发现猎物和寻找配偶。当然，我们也会因为这种光而成为别人的猎物。

我是一条蝰鱼。在我的背上有一根长长的骨刺，在骨刺的顶端有一个特殊的发光器官。我把这个发光器放到嘴边轻轻摇晃，吸引猎物。一旦猎物靠近，他就逃不了了。

嗨！我被大家称作鮟鱇鱼，我头部有一个发光的诱饵。有的鱼会误认为这是一个发光的小虫子，当他们游过来的时候，嘿嘿，我就有东西吃了！

我们是灯笼鱼。在我们的腹部有很多发光点，这些发光点可以吸引小虾靠近我们，成为我们的食物。

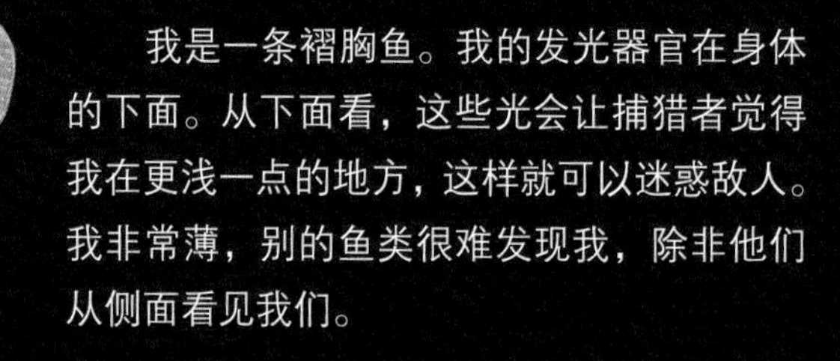

我是一条褶胸鱼。我的发光器官在身体的下面。从下面看，这些光会让捕猎者觉得我在更浅一点的地方，这样就可以迷惑敌人。我非常薄，别的鱼类很难发现我，除非他们从侧面看见我们。

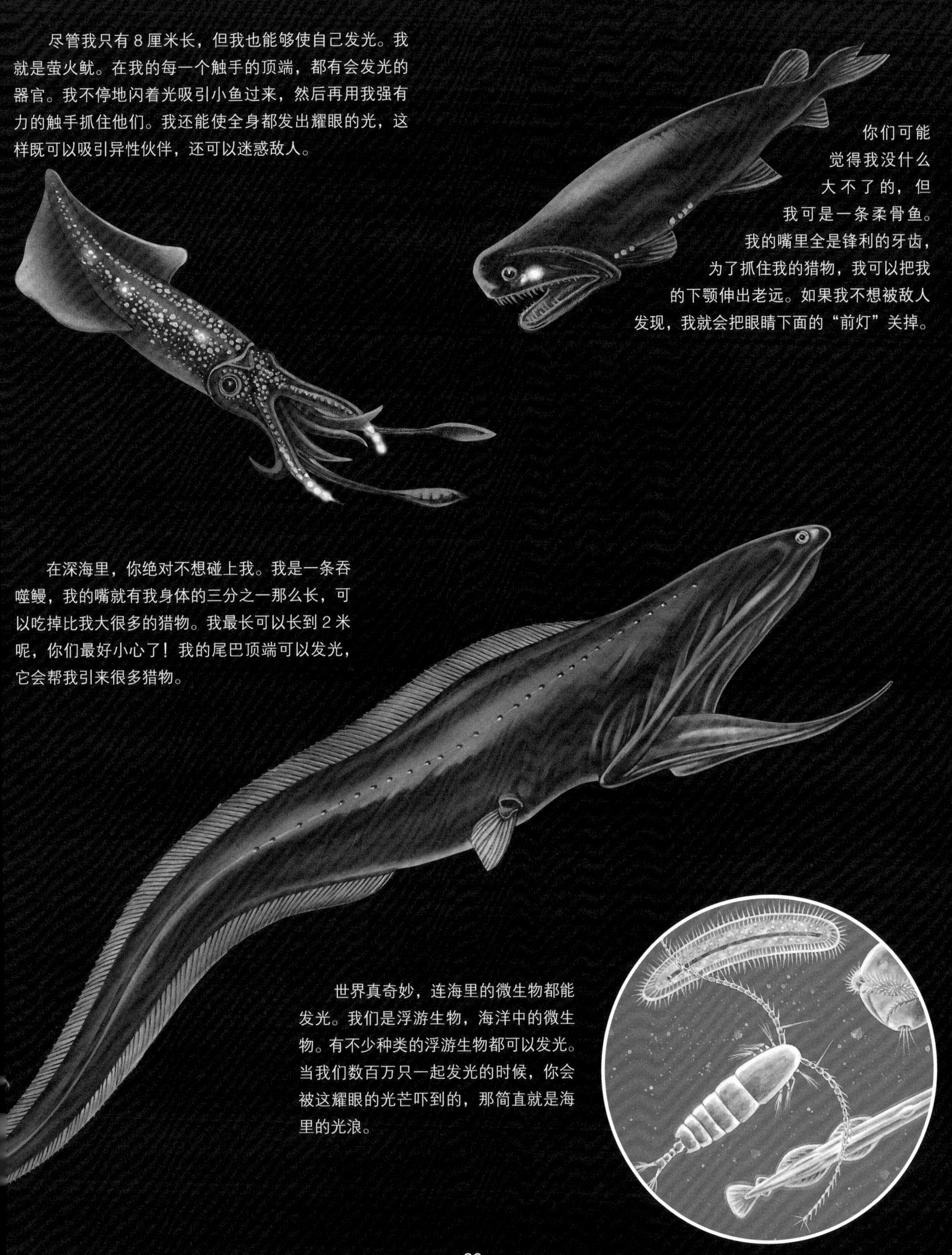

尽管我只有 8 厘米长，但我也能够使自己发光。我就是萤火鱿。在我的每一个触手的顶端，都有会发光的器官。我不停地闪着光吸引小鱼过来，然后再用我强有力的触手抓住他们。我还能使全身都发出耀眼的光，这样既可以吸引异性伙伴，还可以迷惑敌人。

你们可能觉得我没什么大不了的，但我可是一条柔骨鱼。我的嘴里全是锋利的牙齿，为了抓住我的猎物，我可以把我的下颚伸出老远。如果我不想被敌人发现，我就会把眼睛下面的“前灯”关掉。

在深海里，你绝对不想碰上我。我是一条吞噬鳗，我的嘴就有我身体的三分之一那么长，可以吃掉比我大很多的猎物。我最长可以长到 2 米呢，你们最好小心了！我的尾巴顶端可以发光，它会帮我引来很多猎物。

世界真奇妙，连海里的微生物都能发光。我们是浮游生物，海洋中的微生物。有不少种类的浮游生物都可以发光。当我们数百万只一起发光的时候，你会被这耀眼的光芒吓到的，那简直就是海里的光浪。

谁在海底生活?

欢迎来到海底。这里没有一丝光亮，离水面有4500米，而且温度很低，没有任何声音。在这里，我们完全靠触觉和嗅觉生活，而不是靠视觉和听觉。我是鼠尾鳕。一生中绝大多数时间里，我都在海底游来游去，寻找小鱼、小虫、贝类或者是其他动物的尸体来吃。有时候我也会去稍微浅点的海水里冒险，那里有很多的阳光，所以我的眼睛是大大的，这样我才能看清东西。

看！我的尾巴长长的、薄薄的，这样可以帮我在黑暗中找到食物。在我脊柱上，有一个特殊的感应器，它能帮助我感知到是不是有别的动物靠近我。

在海底，你能够发现很多意想不到的动物。例如我，深海狗母鱼。我正在海底休息呢，硬鳍支撑着我的身体。我还有2个特殊的鱼鳍，长在我的头上，就像2只耳朵一样，它们能告诉我是不是有猎物靠近我了，例如这些小虾。

嗨！我是伞海笔。和很多生活在黑暗中的生命一样，我是纯白色的。

我们是玻璃海绵。不好！那只海蜘蛛好像要吃我们！

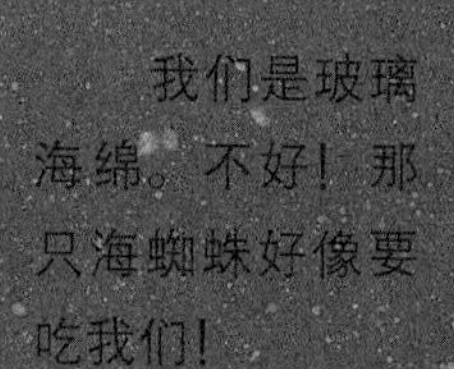

虽然我们看起来像花儿一样，但实际上，我们海笔是一种动物。

我们海参有很多品种，有大的，有小的，有不同颜色的，形状也是五花八门。

我们是海参，靠吸取海底的各种动植物的碎屑为生。

我敢打赌，你以前肯定没看见过像我这样的生物。看起来，我们像是很大的唇膏，实际上，我们是巨型管虫。我们紧挨着海底的那些烟囱生活，它们被称为黑烟囱，因为它们喷出的水又热又黑，却含有很多矿物质。很多伙伴都生活在黑烟囱旁，吸收它们喷出的养分。还有很多动物也生活在这里，例如鱼、海蟹、龙虾、海绵和大蛤等。

我是海蜘蛛，我正在海底散步，像是在踩高跷似的。我们最喜欢吃海绵和海底的虫子。

我们也是海笔。你知道吗？我们和珊瑚虫还是近亲呢！我们靠捕捉附近的浮游生物为生。

我也是海参。我正用我的管足在海底赶路呢。

我是一个海胆（浑身是刺的那个），喜欢吃海绵和细菌。我们的嘴在下面，所以我们必须爬到食物上面去吃东西。像海参一样，我们也是靠管足走路的，这些“腿”就插在我们外壳上的小孔里。

海洋生物小辞典

■鲸须

生长在须鲸类（如蓝鲸、长须鲸、大须鲸等）口部的一种由表皮形成的巨大角质薄片。柔韧不易折断，悬垂于口腔内，呈梳状，用以滤取水中的小虾、小鱼等为食。

■寄生

动物或者植物靠别的生物生存，被寄生的动物或植物称为寄主。寄生虫有时候吃寄主，有时候靠寄主保护他们，但是它们不提供任何回报。

■管足

棘皮动物的管状运动器官,称为管足。例如海胆，他们用管足走路或者抓东西。

■生物荧光

生物体由体内某个器官或某些细胞发出的光。生物荧光通常都是冷光，只有亮度，没有热度。

■迁徙

为了寻找食物或者找到适合的地方繁殖后代，某些动物会随着季节的变化而大规模转移。

■浮游生物

指自身没有移动能力或者移动能力极低的被动地漂浮于水层中的生物群，包括一些体形微小的原生动物、藻类等。

■大堡礁

大堡礁位于澳大利亚东海岸，全长2011千米。这里是成千上万种海洋生物的安居之所。

■声呐

声呐就是利用水中声波对水下目标进行探测、定位的一种技术。

■雏鸟

孵化不久的不能独立生活的幼小鸟类。